Isabella Melchert

Höhenstufen am Beispiel der Alpen

Klima / Vegetation, Geomorphologie, anthropogene Nutzung

GRIN Verlag

Bibliografische Information der Deutschen Nationalbibliothek:

Die Deutsche Bibliothek verzeichnet diese Publikation in der Deutschen National-
bibliografie; detaillierte bibliografische Daten sind im Internet über http://dnb.d-
nb.de/ abrufbar.

Impressum:

Copyright © 2009 GRIN Verlag GmbH
Druck und Bindung: Books on Demand GmbH, Norderstedt Germany
ISBN: 978-3-656-10128-4

Dieses Buch bei GRIN:

http://www.grin.com/de/e-book/186945/hoehenstufen-am-beispiel-der-alpen

GRIN - Your knowledge has value

Der GRIN Verlag publiziert seit 1998 wissenschaftliche Arbeiten von Studenten, Hochschullehrern und anderen Akademikern als eBook und gedrucktes Buch. Die Verlagswebsite www.grin.com ist die ideale Plattform zur Veröffentlichung von Hausarbeiten, Abschlussarbeiten, wissenschaftlichen Aufsätzen, Dissertationen und Fachbüchern.

Besuchen Sie uns im Internet:

http://www.grin.com/

http://www.facebook.com/grincom

http://www.twitter.com/grin_com

RWTH Aachen
Geographisches Institut
Grundseminar Physische Geographie
Sommersemester 2009
Hausarbeit

17.04.2009

Höhenstufen am Beispiel der Alpen

Klima / Vegetation, Geomorphologie, anthropogene Nutzung

Isabella Melchert

Isabella Melchert

2. Semester
Studienfach: B.Sc. Angewandte Geographie

Inhaltsverzeichnis

1 Die Alpen: Geographische Lage und Abgrenzung

Die Alpen und damit auch der deutsche Anteil am Alpenraum sind das größte zentral gelegene Gebirge im Inneren Europas (Dick 1987:1). Ihre Entstehung begann in der Kreide vor etwa 100 Millionen Jahren und ist bis heute noch nicht vollständig abgeschlossen (Becht et al. 2003:96).

Je nach Abgrenzungskriterien beträgt die Fläche der Alpen etwa 180.000 km² bis 240.000 km², von denen etwa 113.000 km² oberhalb der 2000 m-Grenze liegen (Birkenhauer 1980:7, Veit 2002:14). Die Breitenausdehnung ist in den mittleren Alpen am größten und beträgt zwischen dem Bodenseeraum und der italienischen Stadt Verona mehr als 200 km (Abb. 1, rote Markierung). Die schmalste Stelle mit ungefähr 150 km Länge liegt zwar in den Westalpen, doch hier befindet sich die größte Erhebung: der Montblanc (Abb. 1, gelbe Markierung) auf der Grenze von Italien und Frankreich mit einer Höhe von 4.807 m über dem Meeresspiegel (Veit 2002:14). Als „einzigartiger Naturraum" (Birkenhauer 1980:7) erstrecken sich die Alpen von Westen nach Osten etwa über eine Länge von 1200 km. Die sieben Staaten Österreich, die Schweiz, Deutschland, Frankreich, Italien , Slowenien und Lichtenstein haben mit insgesamt rund 13,7 Millionen Einwohnern (Stand 2000) Anteil an den Alpen, von denen allerdings nur 17,3% der Gesamt-fläche besiedelbar sind (Tappeiner 2008:91).

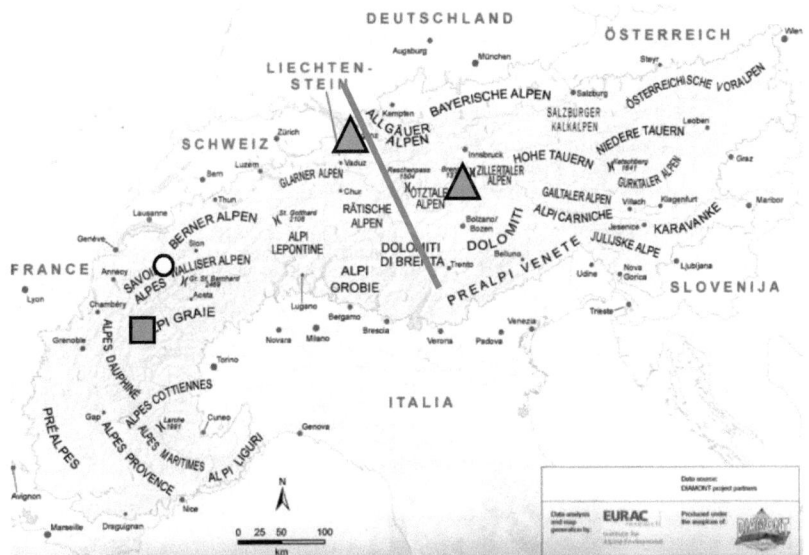

Abb. 1: **Gebirgsketten und Pässe** (abgeändert nach Tappeiner et al. 2008:60)

2

2 Klima als Voraussetzung für das Auftreten von Vegetationshöhenstufen

Das alpine Klima ist nach OZENDA (1988:8) durch zwei Komponenten gekennzeichnet: zum einen durch „allgemeine Eigenschaften des Gebirgsklimas" (Klimaelemente korrelieren mit der Höhe) und zum anderen durch „spezifische alpine Eigenschaften". Letzteres hängt vom komplexen Bau der Alpen sowie deren Mächtigkeit ab.

Die Temperatur ist aus ökologischer Sicht der wichtigste Faktor und nimmt linear um rund 0,55°C pro 100 Höhenmeter ab, wobei es sich nur um einen Mittelwert handelt, der jahreszeitlich deutlich variiert (im Sommer ca. 0,7°C, im Winter ca. 0,4°C) (Ozenda 1988:9-10). BIRKENHAUER (1980:180) teilt die Alpen in drei sogenannte „Temperaturprovinzen" ein, die von Süden nach Norden über mediterran, submediterran und gemäßigt einhergehen. Der damit verbundene Nord-Süd-Wandel bedingt somit wärmere südliche zentralalpine Täler (wie Bozen, siehe Abb. 1 graue Markierung) als die im Norden (z.b. der Weißfluhjoch, siehe Abb. 1 blaue Markierung). Die inneren Alpen sind ca. 1 bis 2°C wärmer als die Randalpen bei analoger Höhe und gleichem Breitengrad (Ozenda 1988:20). Die Wärmeunterschiede zwischen dem Nord- und Südhang werden immer schärfer, da die direkte Sonnenstrahlung mit der Höhe zunimmt, aber die diffuse hingegen geringer wird (Walter/Breckle 1999:368). Die Temperaturunterschiede in Abhängigkeit von der Höhe können den Klimadiagrammen von Bozen und vom Weißfluhjoch entnommen werden (siehe Abb. 2).

Die Niederschlagsschwankungen gelten als Hauptursache für die großen regionalen Unterschiede. Aufgrund des weit höheren Niederschlags in den Bergen als im Vorland spricht man auch von ‚Steigungsregen' (Ozenda 1988:11). Durch das Stauen der Luftmassen im Gebirgsluv erklärt sich der Niederschlagsreichtum der Alpenvorländer (Alpenföhn), die höchsten Niederschlagswerte kommen auf Alpengipfeln und –kämmen vor. Der Niederschlag nimmt im Allgemeinen von Westen nach Osten und gegen das Alpeninnere ab. Das liegt am bogenförmigen Verlauf der Alpenkette, auf die die Regenwinde im Westen frontal treffen, während die östlichen Alpen mehr in Richtung vorherrschender Westströmung verlaufen (Glauert 1975:24). Auch wenn die Alpen als ‚Wasserschloss Europas' gelten aufgrund ihrer hohen Wassermengen, der mit der Höhe abnehmenden Verdunstung und folglich der abnehmenden Verdunstungsverluste, so kann man vergleichsweise im inneralpinen Becken vor allem im Westen von ‚Trockengebieten' sprechen, wo die Niederschlagssummen unter 700 mm liegen. Die feuchtesten Gebiete findet man in den randalpinen Gebirgen, in denen in mittleren Höhen regelmäßig 2 bis 3 m Niederschlag fallen (Birkenhauer 1980:175, Ozenda 1988:22-23). Das Nord-Süd-Gefälle ist auch auf den Niederschlag zu beziehen: in den Nordalpen findet man

Gebiete mit Regen zu allen Jahreszeiten, hingegen kann im Süden von sommertrockenen und mediterranen Gebieten gesprochen werden (Birkenhauer 1980:174).

Infolge der Temperaturabnahme und der hohen Niederschläge, die im Winter als Schnee fallen, ist die Schneedecke der alpinen Stufe sehr mächtig, sodass für die niedrige alpine Vegetation die Aperzeit die Hauptrolle spielt. Darunter versteht man die Zeit ohne Schneebedeckung (lat. apertus = offen) (Walter/Breckle 1999:372). Die Schneedecke fungiert vor allem als Wasserreserve, bildet aber auch im kältesten Winter eine thermische Isolation (Ozenda 1988:11-12). Für die Mächtigkeit und Dauer der Schneedecke spielt auch die regionale Verteilung eine ausschlaggebende Rolle. Die Dauer nimmt mit der Höhe zu: die Anzahl der Tage mit Schneebedeckung für je 100 m Anstieg wächst durchschnittlich um zehn Tage. Des Weiteren ist die Dauer der Schneedecke neben Relief und Sonneneinstrahlung vor allem von der Exposition abhängig: auf der Gebirgsluvseite lagern große Schneemengen und folglich lang andauernde Schneedecken begünstigt durch die Bewölkung. Der Einfluss des Niederschlags auf die Schneedeckendauer kann so enorm sein, dass er die Wirkung der Temperaturabnahme mit steigender Höhe nicht nur ausgleicht, sondern sogar umkehren kann (Glauert 1975:26-27).

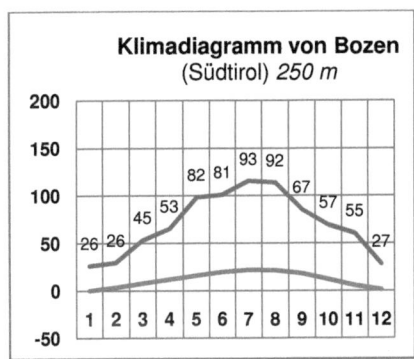 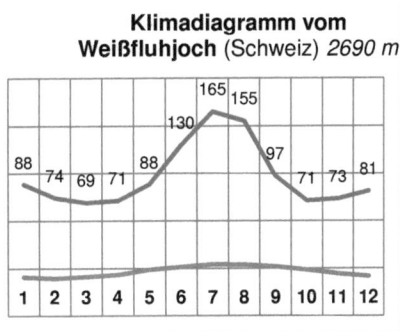

Abb. 2: **Ausgewählte Klimadiagramme alpiner Orte**
(eigene Darstellung, Informationen abgerufen von http://www.klimadiagramme.de am 10.04.2009)

Der Luftdruck nimmt exponentiell mit der Höhe ab und hat nur Einfluss auf die Vegetation, da er sich gleichzeitig auf die Sonneneinstrahlung und Temperatur auswirkt. Die Strahlungsintensität hingegen nimmt mit der Höhe zu und variiert in jeder Höhenlage abhängig von der Jahreszeit und Bewölkung (Ozenda 1988:8-9).

Das alpine Klima lässt sich zusätlich durch vier zentrale Formenwandel beschreiben: hypsometrisch, peripher-zentral, planetarisch und westöstlich. BÄTZING (1991:18-21) oder VEIT (2002:35-37) gehen in ihren Werken näher darauf ein.

3 Höhenstufen der alpinen Vegetation

Die Vegetation in den Alpen hat in allen Höhenstufen eine große Mannigfaltigkeit entwickelt. Die deutlichsten Differenzierungen zeigen sich auf der alpinen Nord- und Südseite, obwohl auch seit der Eiszeit ein west- und südöstlicher Vegetationswandel feststellbar ist (Glauert 1975:43).

Infolge der klimatischen Änderungen mit der Höhe – die Temperaturabnahme mit der Höhe bedingt eine Verkürzung der Vegetationszeit von sechs bis neun Tagen pro 100 Höhenmetern (Veit 2002:159) – werden landschaftsökologische Prozesse wie Bodenbildung und Wasserhaushalt, aber auch das Pflanzenvorkommen differenziert, sodass sich einzelne Höhenstufen für die speziellen Lebensräume formen (Leser et al. 2005:356). Diese Höhenstufen sind im Gegensatz zu den geomorphologischen jedoch zonal und lassen sich gürtelartig aufeinander einteilen (siehe Abb. 3) (Kosch 1973:30).

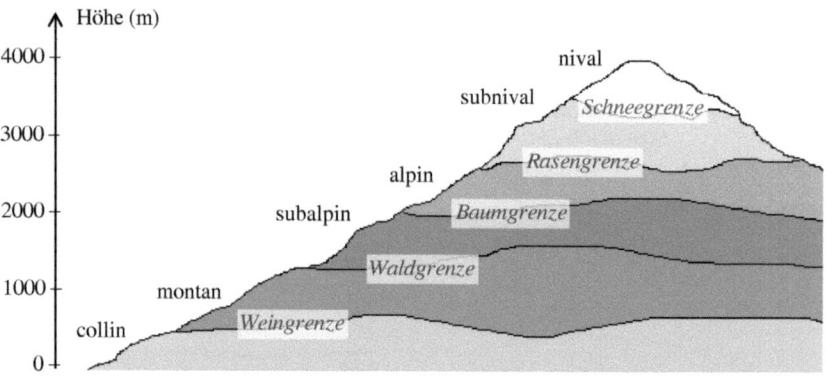

Abb. 3: **Höhenstufen der alpinen Vegetation** (eigene Darstellung, angelehnt an Veit 2002:159)

Mehr oder weniger sichtbare Höhengrenzen trennen die Höhenstufen voneinander. Die Weingrenze trennt die colline von der montanen (Glauert 1975:43), die Waldgrenze die montane von der subalpinen, die Baumgrenze (Obergrenze von Baumgewächsen) die subalpine von der alpinen, die Rasengrenze die alpine von der subnivalen und die klimatische Schneegrenze die subnivale von der nivalen Höhenstufe. Jedoch sind die genannten Abgrenzungskriterien in Hinblick auf die höhenstufenspezifische Vegetation erheblichen räumlichen Schwankungen unterworfen (Veit 2002:158). So liegt beispielsweise die Waldgrenze im Leebereich der submediterranen französisch-italienischen Alpen am höchsten (2400 m), während sie unter gleichen klimatischen Bedingungen im Leebereich von Tirol darunter liegt (2200 m). „Generell ist also ein Absinken nach Osten zu beobachten" (Birkenhauer 1980:189). Die klimatische Schneegrenze hingegen ist im Gebirge selber nicht zu erkennen, höchstens über die Gletscher-Schneegrenze zu erahnen. „Auf jeden Fall sind die Übergänge von einer Höhenstufe in die nächste fließend" (Veit 2002:159).

Aufgrund der überaus vielen Eigenschaften der einzelnen Höhenstufen wird im Folgenden eine Auswahl (Höhenabgrenzung, charakteristische Vegetation, Klima) dargestellt.

3.1 Colline Höhenstufe

Der Begriff ‚Collin‘ steht für Hügellandstufe und Fußregion. Im Bereich der Höhengürtel befindet sich die colline Höhenstufe in der Tief- bzw. Tallage und reicht bis rund 800 m in den Südalpen, d.h. bis zu einer Jahresmitteltemperatur von 6°C (Birkenhauer 1980:192). Allerdings fehlt diese Stufe am bayerisch-österreichischen Alpennordrand fast ganz infolge klimatischen und orographischen Bedingungen (Glauert 1975:44). „Die Vegetation der collinen Stufe entspricht weitgehend der jeweiligen Klima- und Landschaftszone und ist durch sommergrüne Laubwälder charakterisiert" (Veit 2002:161). Die colline Höhenstufe ist annäherungsweise definierbar mit den Eichenwäldern, wobei die Eichen-Hainbuchen den Hauptteil der Vegetation bilden (Ozenda 1988:127). Diese Stufe ist das Hauptareal landwirtschaftlicher Nutzung, denn nur hier können sensible Pflanzen wie Wein, Obst, Weizen, Tabak, Mais, Kastanien oder Feingemüse gedeihen. Schließt man die colline Stufe mit der Weingrenze nach oben hin ab, so reicht der Anbau für weniger empfindliche Pflanzen wie Kartoffeln oder Hafer sogar bis in die montane Stufe hinein (Glauert 1975:43). Das Nord-Süd-Gefälle der collinen Stufe wird vor allem durch die verschiedenen Anbauprodukte bestimmt. Auf der Alpennordseite ist der Laubmischwald von Eichen, Buchen, Linden, Ahorn, Walnuss und Wein charakterisiert, hingegen auf der Alpensüdseite überwiegen deutlich Edelkastanien, Eichen und Kiefern (Birkenhauer 1980:192).

3.2 Montane Höhenstufe

‚Montan‘ deutet auf die Höhenstufe der Gebirge hin, welche durch das Bergwald-Vorkommen gekennzeichnet ist. Definiert man grob die Waldgrenze als Obergrenze für die montane Stufe, so reicht diese bis etwa 1500 m in den Randalpen und bis ca. 2000 m in den Zentralalpen (Höchstwerte) (Veit 2002:161). Die Ober- und Untergrenze dieser Stufe steigen in der Regel von Norden nach Süden in dem Maße an, wie sich die Durchschnittstemperaturen erhöhen (Ozenda 1988:165). Die montane Höhenstufe ist nach unten durch die colline und nach oben durch die subalpine Stufe begrenzt und lässt sich weiterhin in drei Teilabschnitte gliedern: submontan mit Buchenwald, montan mit Buchen-Tannenwald und hochmontan mit Fichtenwald (Leser et al. 2005:574). Da in den inneren Alpen die Buche komplett fehlt, können als auffälliges Merkmal der montanen Stufe die Grenzen der Waldkiefer dienen. Die montane Stufe wirkt in Längsrichtung homogener, im Querprofil, also von den Randalpen gegen das Alpeninnere, jedoch unterschiedlich ausgeprägt infolge des Kontinentalitätsgefälles. Die Kontinentalität äußert sich durch steigende Temperaturdifferenzen und durch den Niederschlagsrückgang, wobei beide Faktoren dazu beitragen, zunächst die Buche, dann die Tanne auszuschließen. Vom Alpenrand bis zum Inneren können vier Zonen unterschieden werden, mindestens in Bezug auf Klimafaktoren und dominierenden Baumarten: Buche (Randalpen), Tanne (Zwischenalpen), Fichte (Innenalpen) und schließlich Waldkiefer (Zentralgebiete mit dem größten Kontinentalitätsgrad) (Ozenda 1988:166-167).

Nach Birkenhauer (1980:192) reicht diese Stufe etwa bis zu einer Jahresmitteltemperatur von 3°C, hingegen nach Leser et al. (2005:574) bis etwa 5 bis 8°C, wobei das Julimittel weniger als 15°C beträgt. Würde man nach weiteren Fakten recherchieren, dann ließe sich diese Differenzierung eventuell auf den aktuellen klimatischen Wandel beziehen (es handelt sich immerhin um 25 Jahre Unterschied).

3.3 Subalpine Höhenstufe

Bei der subalpinen Höhenstufe handelt es sich um ein etwa 600-700 m breiter Höhenabschnitt mit komplexen Baum-Zwergstrauch-Gebilden, welche sich mit der hochmontanen Stufe vermischen, sowie mit Grasheiden, die sich nur schwer von der alpinen Stufe abgrenzen lassen (Ozenda 1988:194). Diese Stufe reicht im Mittel bis rund 1900 m Höhe (in den Alpen von Briançonnais (siehe Abb. 1, grüne Markierung) sogar von 1700 bis 2400 m (Ozenda 1988:194)), also bis zu einer Jahresmitteltemperatur von etwa 0°C. Somit dauert die Vegetationszeit noch etwa 100-120 Tage. Sie wird zum größten Teil von Nadelwäldern geformt, die auf den Sonnenseiten bevorzugt von Lärchen und Arven, auf den Schatten- und Luvseiten von Fichten und in den Zentralalpen sowie nach Süden zunehmend von Kiefern gebildet werden

(Birkenhauer 1980:192-193, Leser et al. 2005:917). Die subalpine Stufe wird um-schlossen von der Buchenobergrenze (höchster Scheitel der montanen Höhenstufe) und der potentiellen Obergrenze der Waldvegetation (tiefster Punkt der alpinen Stufe), also dort, wo der baumwuchsfreie alpine Rasen beginnt. Die Festlegung der Ober- und Untergrenze fällt auch wie bei den anderen Höhenstufen schwer, denn es gibt keine Übereinstimmungen aufgrund der zusammenhängenden Waldgesellschaften (Ozenda 1988:194-195). Diese Stufe ist der Bereich, in dem sich der Wald nach oben hin langsam auflöst, denn die zunehmend ungünstigen Klimabedingungen erschweren das Wachstum, die Verjüngung und das winterliche Überleben der Bäume immer mehr. Die Jahresdurchschnittstemperaturen der subnivalen Stufe betragen etwa 0,5-4°C, wobei ein bis zwei Monate sogar Mitteltemperaturen über 10°C erreichen können (Leser et al. 2005:917).

3.4 Alpine Höhenstufe

Die alpine Stufe reicht im Mittel bis zu einer Höhe von 2700 m und setzt auf Schattenseiten bei ca. 2000 m ein. Die Jahresmitteltemperaturen bewegen sich zwischen -1 und -3°C (Birkenhauer 1980:193). Diese Stufe verfügt über eine „originelle Vegetation" (Ozenda 1988:230), die zwischen der Obergrenze der Baum- und Strauchvegetation und der Obergrenze der zusammenhängenden Rasen (Beginn der nivalen Stufe), aber unterhalb der klimatischen Schneegrenze liegt. „Nach oben hin lösen sich die geschlossenen Rasenflächen in Gruppen von Inseln auf, die sich schließlich zwischen steinigen Schutthalden und Felsen verlieren" (siehe Abb. 4) (Ellenberg 1978:528). Als charakteristische Rasenarten können etwa die Immergrüne Segge, die Krumm-Segge und das Nacktried angesehen werden. An lokal günstigen Stellen findet man auch noch vereinzelt Strauchgewächse mit einer Höhe über 30 cm (Landolt 1992:72).

Diese Stufe zeichnet sich durch spezielle geoökologische Randbedingungen (Wind, Temperatur, Schnee, Strahlung) aus. Sie wird von diversen Autoren weiterhin in hoch-, mittel- und niederalpin gegliedert (Leser et al. 2005:33). Problematisch wird es dann, wenn man die alpine Stufe als speziellen Typ der Tundra behandelt, was nicht ganz korrekt ist, denn viele Umweltfaktoren sind deutlich anders (Veit 2002:170).

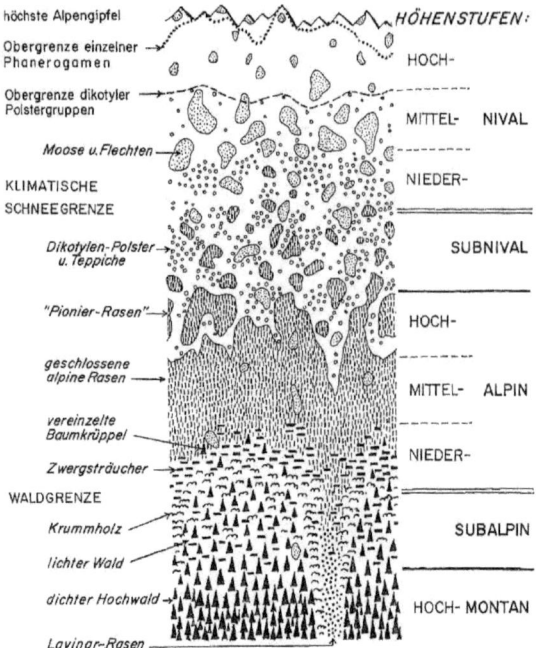

	HÖHENSTUFEN:		
höchste Alpengipfel		HOCH-	
Obergrenze einzelner Phanerogamen			
Obergrenze dikotyler Polstergruppen		MITTEL-	NIVAL
Moose u.Flechten			
KLIMATISCHE SCHNEEGRENZE		NIEDER-	
Dikotylen-Polster u. Teppiche		SUBNIVAL	
"Pionier-Rasen"		HOCH-	
geschlossene alpine Rasen		MITTEL-	ALPIN
vereinzelte Baumkrüppel		NIEDER-	
Zwergsträucher			
WALDGRENZE			
Krummholz		SUBALPIN	
lichter Wald			
dichter Hochwald		HOCH-	MONTAN
Lavinar-Rasen			

Abb. 4: **Höhenstufung des Formations-Mosaiks von der oberen montanen bis zur nivalen Stufe der Alpen (schematisch).** Rechts ist eine Hangrinne angedeutet, in der alljährliche Lawinen zu Tal fahren (Ellenberg 1978:517).

3.5 Subnivale und nivale Höhenstufe

Die obere Grenze (klimatische Schneegrenze) der subnivalen Stufe liegt etwa 300-500 m über der alpinen Höhenstufe und wird hauptsächlich durch die mittlere Länge der schneefreien Zeit, die ca. zwei Monate beträgt, bestimmt (Landolt 1992:72). Diese Stufe unterliegt ebenfalls dem Nord-Süd-Gefälle: sie ist auf der Alpennordseite etwa 200-300 m niedriger, im zentralalpinen Raum entsprechend höher (Birkenhauer 1980:193). Was die Vegetation betrifft treten nur noch flecken- oder polsterhafte Pioniergewächse auf. Der Schnee schmilzt nur in warmen Sommern völlig ab. Die Formungsprozesse dieser Stufe werden von Frost und Frostwechsel dominiert (Leser et al. 2005:919).

Die nivale Stufe (ab etwa 3200 m Höhe) wird nur von den inneren Alpenketten erreicht. Sie liegt zumindest theoretisch oberhalb der Grenze des ewigen Eises (Ozenda 1988:230). Die mittleren Monatstemperaturen liegen in der vollnivalen Stufe maximal während ein bis zwei Sommermonaten über 0°C (siehe Abb. 2 rechts: der Weißfluhjoch liegt zwar ‚nur' 2690 m hoch, doch nur die Monate Juni, Juli, August und September weisen Temperaturen gerade über Null auf) (Leser et al. 2005:614). Blütenpflanzen existieren nur an äußerst günstigen lokalen Standorten, wie zum Beispiel Felsnischen, Steilwände oder windexponierte Lagen, wobei die allgemeine Vegetationsperiode weniger als zwei Monate beträgt. Flechten und Algen steigen an Felsen und Steinen und auch auf dem Firneis sogar bis auf die höchsten Gipfel. Oberhalb der 4000 m-Grenze können noch mehr als 50 Flechtenarten in den Alpen auftreten (Lendolt 1992:72-73, Veit 2002:173-174).

4   Anthropogene Nutzungsformen und dessen Folgen

Wie einige eine Million Jahre alte Funde von steinernen Abschlaggeräten zeigen, wirkt der Mensch schon seit langer Zeit auf das Ökosystem auf verschiedenster Art und Weise in den Alpen ein (Veit 2002:188). Aufgrund der vielfältigen Nutzungsformen in den Alpen wird im Folgenden lediglich auf die traditionelle Landwirtschaft, Wasser als regenerierbare Energie und den Tourismus näher eingegangen. Dass Forstwirtschaft, der Alpentransit und andere anthropogene Nutzungen ebenfalls wichtig sind, soll hiermit nicht ausgeschlossen werden, jedoch würde alles andere den Arbeitsrahmen sprengen.

4.1   Landwirtschaft

Die alpine Landwirtschaft hat Jahrtausende alte Tradition, denn vor allem in Tallagen konnte schon früh intensive Landwirtschaft aufgrund des günstigen Klimas und des ebenen Reliefs betrieben werden. Durch Verkürzung der Vegetationszeit um fünf bis sechs Tage pro 100 m Höhe reduziert sich auch die Weidezeit, womit eine Reduktion des Jahresertrags von vier bis acht Prozent pro 100 m Höhe einhergeht. Allerdings werden die Verzögerungen auf den hochgelegenen Almen durch größere Wachstumsgeschwindigkeiten in der Vegetationsperiode aufgeholt. Mit Almen oder Alpe bezeichnet man Weideflächen, die sich in der Regel oberhalb der Dauersiedlungsgrenze befinden (siehe Abb. 5). Dabei differenziert man zwischen drei Höhen: den Niederalmen (<1300 m), den Mittelalmen (1300-1800 m) und den Hochalmen

10

(>1800 m), wobei letztere oberhalb der Waldgrenze zu finden sind und vorwiegend für die Schafzucht dienen (Veit 2002:193-194).

Die Trockentäler werden heute noch für den Anbau von Sonderkulturen wie Wein, Obst und Gemüse verwendet. Allerdings dominiert heutzutage mit etwa 80% die Grünlandwirtschaft aufgrund der naturräumlichen Verhältnisse (Tappeiner 2008:199). Nebenbei wird auch immer noch die traditionelle Berglandwirtschaft betrieben, die in Wiesen-Alp-Wirtschaft und Acker-Alp-Wirtschaft unterteilt wird. Letzteres beinhaltet Mischbetriebe mit Ackerbau und Rinder-haltung, wobei hauptsächlich Roggen, Gerste und Kartoffeln produziert werden. Gerste und Kartoffeln wachsen bin in große Höhen auf Almen (vor allem in den kontinentalen Inneralpen) und reifen bis Ende September (Veit 2002:193-195). Der reine Ackerbau ist heute weitestgehend mit weniger als 3% Anteil an der gesamten Landwirtschaft verschwunden (Tappeiner 2008:199).

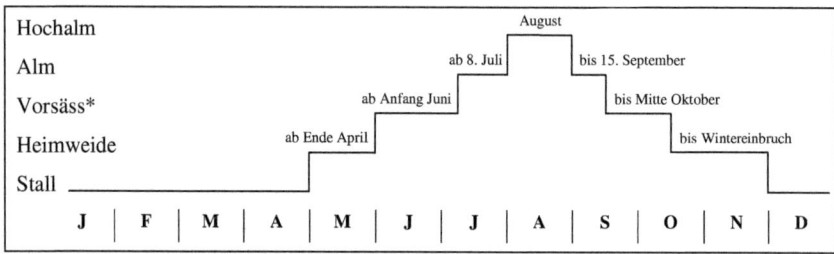

Abb. 5: **Jahreszeitliche Nutzung der Alpen am Bsp. eines Bergbauern aus dem Bregenzer Wald**
(eigene Darstellung, angelehnt an Veit 2002:194) [*den Alpenweiden vorgelagerte Nutzfläche]

Die alpine Landwirtschaft mag vielleicht ökotrophische Vorteile für den Menschen bringen, aber die Natur wird dabei kaum berücksichtigt. Rodung der Wälder für Flächengewinn, Düngung und Viehwirtschaft beeinflussen in äußerstem Maße die Bodenentwicklung, die Bodeneigenschaften und die Anfälligkeit gegenüber Bodenerosionen. Gerade bei der Umwandlung von Wald in Grünland sind einige negative Veränderungen zu beobachten, wobei Ansteigen des pH-Werts, Zurückdrängen von Rohhumus erzeugende Pflanzen und Ersetzung durch Gräser nur einige Aspekte darstellen. Die Abnahme des Humusgehalt und die Belastung durch Viehtritt führt zur Bodenverdichtung, womit ein erhöhter Oberflächenabfluss aufgrund der Abnahme der Luftkapazität und Infiltrationsrate der Böden einhergeht (Veit 2002:198-199).

11

4.2 Wasser als regenerierbare Energiequelle

„Die Alpen sind energiewirtschaftlich das am besten erschlossene Hochgebirge der Erde"
(Veit 2002:210), was vor allem der neuen Nutzung der Wasserkraft zur Stromerzeugung zu
verdanken ist. Bereits 1985 wurden rund 85% der nutzbaren Wasserkraft der gesamten Alpen
erschlossen (Bätzing 1985:56). Die jährliche Produktion betrug Ende der 1980er Jahre etwa
100 Mrd. kWh, die von Laufwasserkraft-, Speicherkraft- und Pumpspeicherkraftwerken er-
zeugt wurde.

Bei den Wasserkraftwerken handelt es sich zwar um saubere und regenerierbare Energiefor-
men, jedoch fehlen die natürlichen Überschwemmungen aufgrund der benötigten Dämme.
Neben Sedimentablagerungen im Staubecken und Verlangsamung der Fließgeschwindigkeit,
nimmt vor allem die Artenvielfalt der Flora und Fauna (hauptsächlich Fische) ab (Veit
2002:212). Bäche aus benachbarten Regionen werden ‚angezapft', weil viele neue Anlagen
einen so hohen Wasserbedarf haben, der von den im Tal zur Verfügung stehenden Bäche und
Flüsse nicht gedeckt werden kann. Dies bedeutet wiederum schwere Eingriffe in den Wasserhaushalt dieser Region und führt problematische Grundwasserspiegelsenkungen mit sich
(Bätzing 1985:56).

4.3 Tourismus

Die Alpen gelten als zentrales Urlaubs- und Erholungsgebiet Europas, was für die alpine Be-
völkerung zur wesentlichen Lebensgrundlage gehört. Der Massentourismus setzte 1955 aufgrund der erhöhten Automobilisierung in den Alpen ein (Bätzing 1985:57). Jährlich werden
mehr als 100 Mio. Gäste mit über 370 Mio. Übernachtungen gezählt. 10.000 Transportanla-
gen wie Seilbahnen und Lifte ermöglichen den Touristen zu allen Jahreszeiten die Ziele entle-
gener Gebiete und hoher Berggipfel. Nichtsdestotrotz bleiben auch hier die negativen Folgen
für die alpine Umwelt nicht aus: Vegetation und Tierwelt werden durch die Transport-anlagen
stark gestört, bisher unberührte Nischen der Natur werden immer öfter benutzt, um der heuti-
gen ‚Fun-Gesellschaft' durch zum Beispiel Erklettern der Felswende und Schluchten ein
neues Abenteuer bieten zu können; Wasserverschmutzungen, Bodenerosionen und Abfälle
sind des Weiteren zentral zu nennen. Doch auch der Mensch wird durch das hohe Verkehrs-
aufkommen (mind. 70% der Touristen reisen mit dem Auto an) und die damit verbundene
Luftbelastung negativ beeinträchtigt (Veit 2002:215-216).

Gerade der Wintertourismus bringt zerstörerische Umstände mit sich: die Wintersportler drücken den Schnee so sehr zusammen, dass dieser sich teilweise in Eis umwandelt. Solche vereisten Stellen tauen im Frühjahr viel später auf, was eine Verkürzung der Vegetationszeit von zwei bis drei Wochen zur Folge hat und gerade auf den Almen entscheidend ist. Zusätzlich ‚rasieren‘ die scharfen Kanten der Skier die Vegetation ab. Foto 1 soll veranschaulichen, was die Natur in der Wintersaison auf der höchsten Hochalm Europas durch Pistenpräparierung zu überstehen hat. Wald wird durch Rodung zerstört, um den Touristen lange und breite Pistengebiete zu ermöglichen (Bätzing 1985:66-67). An dieser Stelle seien die Olympischen Winterspiele von 1992 in Savoyen zu nennen: 1 Mio. m³ Felsen wurden gesprengt und Erdreich versetzt, 33 ha Wald gerodet, 330.000 m² Fläche überbaut. Die ursprüngliche Vegetation verschwand komplett, denn die planierten Pisten wurden rasch künstlich begrünt (Veit 2002:219-220).

Foto 1: **Präpariertes Wintersportgebiet auf der Seiser Alm (Dolomiten) durch Waldrodung und Planierung** (eigene Aufnahme)

Aber auch der Sommertourismus ist von vielen negativen Folgen geprägt: Wanderer, die gerne einmal von den alpenweiten 150.000 km langen Wanderwegen abkürzen, sind verantwortlich für den intensiven Bodenabtrag. Flechten, Moose und einige Kräuter verschwinden bereits bei weniger als zehn Touristen pro Tag und Saison auf den Trittstellen (Veit 2002:225).

5 Geomorphologische Gliederung der Höhenstufen

Geomorphologische Höhenstufen begründen sich durch geomorphologische Prozesse, die je nach Höhenniveau spezifisch sind (Leser et al. 2005:356). Eine exakte Abgrenzung der verschiedenen Stufen kann nicht durch lineare Grenzen dargestellt werden, denn Klimafaktoren wie Bodenbedeckung, Exposition und Relief beeinflussen die jeweiligen „Formungsregionen" (Lehmkuhl 1989:17). Höhenstufen müssen nicht horizontal verlaufen, sondern können sich räumlich gesehen in die nächst höher- bzw. niedriggelegenere durchziehen. Oft liegen auch Strukturen in mehreren Höhenstufen vor (z.b. hervorgerufen durch Bergrutschen), die man dementsprechend in keine bestimmte Stufe klassifizieren kann. LEHMKUHL (1989:17-73) differenziert zwischen den fünf Höhenstufen mediterran, gemäßigt-humid, periglazial, nival und glazial, von denen drei im Folgenden näher erläutert werden. Andere Autoren, wie etwa OZENDA (1988), benennen die Vegetationshöhenstufen ähnlich, wie bereits in Kap. 3 näher darauf eingegangen wurde (siehe Tab. 1).

OZENDA (1988)	LEHMKUHL (1989)
nival	glazial
subnival / hochalpin	nival
alpin	periglazial
montan und collin	gemäßigt-humid
mediterran	mediterran

Tab. 1: **Übersicht der verschiedenen Zonierungsbezeichnungen** (eigene Darstellung, angelehnt an Lehmkuhl 1989:14).

Die mediterrane Stufe befindet sich nur im Süden der Alpen, im inneren Alpenbogen und im südlichen Teil der französischen Alpen. Vorwiegend dominieren Prozesse der Hangspülung sowie Rutschung infolge des häufigen und intensiven Niederschlags.

Da die Formung der gemäßigt-humiden Höhenstufe nur sehr schwach ist, erfahren lediglich die Talböden bzw. Auen eine gewisse Weiterbildung in Form der linearen Erosion hervorgerufen durch anthropogenes Handeln. Auch an den Gebirgshängen vollzieht sich nur eine geringe Erosion in Form von Oberflächenabspülung und Versatzdenudation.

In der höchsten Stufe, der glazialen, bilden die Prozesse der glazialen Erosion die höchsten Formungsregionen. Dementsprechend ist auch das gesamte alpine Relief durch vorzeitliche Glazialerosionsformen wie Kare, Tröge, Trogschultern, Rundhöcker und andere sichtbar geprägt.

Literaturverzeichnis

BECHT, M. et al (2003): Relief und Prozesse im Alpenraum. In: Liedtke, H. et al. (Hrsg.) (2003): Bundesrepublik Deutschland Nationalatlas. Leipzig: Spektrum Akademischer Verlag (= Relief, Boden und Wasser 2), 96-97.

BÄTZING, W. (1985[2]): Die Alpen – Naturbearbeitung und Umweltzerstörung. Eine ökologisch-geographische Untersuchung. Frankfurt am Main: Sendler Verlag.

BÄTZING, W. (1991): Die Alpen – Entstehung und Gefährdung einer europäischen Kulturlandschaft. München: C. H. Beck.

BIRKENHAUER, J. (1980): Die Alpen. Paderborn, Stuttgart: UTB.

DICK, A. (1987): Gefährdung von Mensch und Umwelt im Alpenraum. München: Landtags-Drucksache 11/3444.

ELLENBERG, H. (1978[2]): Vegetation Mitteleuropas mit den Alpen in ökologischer Sicht. Stuttgart: Verlag Eugen Ulmer.

FROMHOLD-EISEBITH, M. (2007): Konfliktfeld Alpentransit. In: Geographische Rundschau 59, 36-42.

GLAUERT, G. (1975): Die Alpen, eine Einführung in die Landeskunde. Kiel: Verlag Ferdinand Hirt.

KOSCH, A. (1973[11]): Was finde ich in den Alpen? Tiere – Pflanzen – Gesteine. Stuttgart: Franckh'sche Verlagshandlung.

LANDOLT, E. (1992[6]): Unsere Alpenflora. Stuttgart, Jena: Gustav Fischer Verlag.

LEHMKUHL, F. (1989): Geomorphologische Höhenstufen in den Alpen unter besonderer Berücksichtigung des nivalen Formenschatzes. Göttingen: Verlag Erich Goltze (= Göttinger Geographische Abhandlungen 88).

LESER, H. et al. (2005[13]): Wörterbuch Allgemeine Geographie. München, Nördlingen: Deutscher Taschenbuch Verlag.

OZENDA, P. (1988): Die Vegetation der Alpen im europäischen Gebirgsraum. New York, Stuttgart: Fischer.

TAPPEINER, U./BORSDORF, A./TASSER, E. (2008): Alpenatlas. Society – Economy – Environment. Heidelberg: Spektrum Akademischer Verlag.

VEIT, H. (2002): Die Alpen – Geoökologie und Landschaftsentwicklung. Paderborn, Stuttgart: UTB.

WALTER, H./BRECKLE, S.-W. (1999[7]): Vegetation und Klimazonen – Grundriß der globalen Ökologie. Stuttgart: Ulmer.